JN058016

友達という最強の成功法則

仲間５人で起業　ゼロから１年で売り上げ５億円！

なっくもぶ

VOICE

はじめに

はじめまして！

僕たちは、「なっくもぶ」の植田泰介、神田竜伍、椎野浩司、高橋侃汰、藤島雄志の5人です。

これは僕たちの初めての本になります！

「将来は、何をすればいいかわからない……」
「仲のいい友達と何か一緒にやりたいけれど、何をどうしたらいい？」
「楽しみながら仕事ってできるの？」
「とにかく成功したいけれど、そのための秘訣は？」

この本は、そんな悩みや疑問を持つ若者たちに贈る本です。

本書でも述べていますが、僕たち5人は中学・高校時代からの親友で、もはや家族と呼べるくらい仲の良い5人組です。

そんな僕たちは、それぞれが一旦会社勤めなどを経験した後、5人で一緒にビジネスをしてきたのですが、

過去には何度もトライ＆エラーがありました。

　けれども、試行錯誤する中で、2022 年から TikTok
の制作・プロデュースをスタートし、たった 1 年で 5 億
円の売り上げを達成することができ、今でもその成長
はとどまるところを知りません。

　この本では、そんな僕たちが「友達同士で楽しみな
がら仕事をして、なぜ、ここまで成功できたのか」に
ついて、「友達」「失敗」「お金」「会社」など、さまざ
まなキーワードにもとづいて語り尽くしています。

　この本は、どこから読んでも OK です。
　パッと開いたページから、何かひらめきやアイディ
アを受け取っていただければうれしいです。

　それでは、この本の最後にまたお会いしましょう！

　なっくもぶ
　植田泰介、神田竜伍、椎野浩司、高橋侃汰、藤島雄志

3

CON

リーダーとしてなっくもぶを牽引！

　5人のメンバーのリーダー的存在として、クライアントや取引先の企業との窓口役や橋渡し役を担当。中高時代から部活のキャプテンでもあったリーダーシップ力で、現在でも会社の業務全体を管理してマネジメントする立場に就く。趣味はサッカー、フットサル、旅行。天秤座のO型。

椎野より
信頼関係ができると、とことん
守ってくれる人一倍やさしい男。
でも、好き嫌いが顔に出るわ
かりやすいところもあり。

神田より
ちょっぴり不器用だけれど、皆
の幸せを考えて動いてくれる
大きな愛がある男。

高橋より
5人の中では彼とは一番長い付き
合い。頼りになるし、彼のおかげ
で自分も変わることができた。

藤島より
圧倒的なリーダー気質とアク
ションの素早さは秀逸。人と
組織の上に立てる存在。

植田泰介
TAISUKE UEDA

神田竜伍
RYUGO KANDA

個性的なクリエイティビティを発揮

　動画編集部門を統括。他の皆より1歳年上。1人だけ兵庫出身で他の4人とは東京で出会う。どちらかというとインドア派で、自宅でゲームとかアニメとか見ているのが好き。マイペース。誘われたら外へ出ていくけど、自分からは誘わないタイプ。天秤座のA型。

椎野より

クリエイティブで職人タイプ。センスがいい。コミュ力も高く、部下からの信頼も厚い。

植田より

個性的で独特な感性を持つ。流行っているものなどあまり関係なく、自分だけの世界の住人。

高橋より

短期間に独学で高い編集技術を身に付けたのはすごい。職人系なのにイケイケなところはある。

藤島より

素直な性格で自分軸があり、しっかりと自分の考えを持っている。人間関係も良好に保てる人。

コミュ力で "大人たち" から愛される

　法人営業担当。5人の中で最もコミュニケーション力が高い。誰とでも会ったその日から仲良くなれる人懐っこさで、目上の人や企業の社長さんなどに可愛がられるタイプ。5人の中ではおバカキャラ的な部分もあり。趣味は筋トレ、サウナ、アニメ。双子座のAB型。

植田より

人のことを悪く言わない。誰にも忖度（そんたく）せず、皆を平等に扱ってくれる。ツッコミ上手。

神田より

猪突猛進（ちょとつ）型で理性のついたイノシシ!? なぜか人が彼の周囲に寄ってくる。

高橋より

相手の懐に入る瞬発力はすごい。1時間ごとに友達が増えている。人見知りな僕（まね）には真似できない。

藤島より

5人の中で、仕事に関して怒られることも多いけれど彼のファンは多い。天性の人懐っこさがある。

椎野浩司
KOJI SHIINO

植田より

中学から一緒なのでメンバー
の中では一番付き合いが長い。
心優しく愛情深い人。

神田より

バランスがとれている人。外見
からはわからないけれど内側
で炎が燃えている情熱家。

椎野より

仕事量が多くても文句を言わない忍
耐強さがある。自己アピールしないと
ころがカッコいい。

藤島より

包容力があり落ち着いているの
で部下から信頼されている。空
気が読めて気遣いができる。

高橋侃汰
KANTA TAKAHASHI

すべてを見通すスーパーバランサー

営業担当。クライアントとして主にホスト業界を担当。無口な
ので第一印象は悪いけれど、後で誰よりも好きになってもらえる
自信がある。高校生くらいまでアクティブだったのに、大学・社
会人になってからインドア派になり、家でアニメを見るのが好き
なオタクっぽい傾向に。今では、皆に外に連れ出してもらってい
る。天秤座のA型。

藤島雄志
KATSUSHI FUJISHIMA

何かを"持っている"ラッキーガイ

　マーケティング担当。高校から植田・高橋・椎野と出会い、そこからの付き合い。趣味はサッカー、筋トレ、読書。仕事のかたわら、音楽が好きでアーティスト活動も行っている。自作の曲でインディーズ・デビューもしている。牡羊座のＡ型。

植田より

生まれた時から"持っている"人で運がいい。ふざけているようで几帳面。組織に必要な人。

神田より

何でもそつなくこなし、機転がきく。頭の回転がはやく人を操るタイプ。話術もあり。

椎野より

5人の中で一番きちんとしている。出会った人との縁や恩を大切にできる人。

高橋より

発想が面白い（芸人を超えるレベル）。恋も勉強も仕事も欲しいものは必ず手に入れる。結果を出す男。

Our Mission

常識を覆せ！

Our Vision

エンターテイメントを通じて、世界中に輪をつくる

Our Policy

1 誠実さ Sincerity
しんし
真摯に取り組む

2 ユーモア Humor
遊び心

3 挑戦 Challenge
創造的かつ革新的な挑戦

4 おもいやり
Thoughtfulness
利他の精神 /Give & Give

5人のヒストリー

失敗の連続を経て、前年度からの売り上げ1000%達成！
ここにたどり着くまでの僕たち5人の歴史を支えたのは、
友達以上家族同然の深い絆があったから。

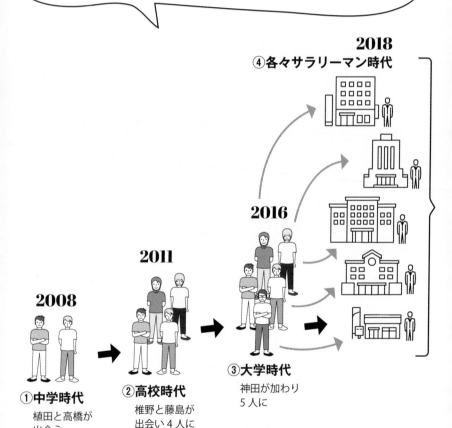

2018
④各々サラリーマン時代

2016

2011

2008

①中学時代
植田と高橋が
出会う

②高校時代
椎野と藤島が
出会い4人に

③大学時代
神田が加わり
5人に

そうだ！
YouTube
やろう

2021

YouTube
デビュー

神田が
編集

⑤会社を辞める
5人で活動開始！

⑥海の家の経営
にトライするも失敗

失敗

⑦BAR の経営
にトライするも失敗

失敗

エステサロン

⑧エステサロンの経営
にトライするも失敗

失敗

2022〜現在

⑨TikTokの制作・
プロデューススタート！

TikTok
Start!

1年で
5億円の
売り上げ！

25

TikTok って何 !?

TikTokとは、中国のIT企業、「ByteDance」が運営する動画に特化したソーシャルネットワーキングサービスのこと。世界におけるアクティブユーザーは10億人以上というショートムービーの巨大プラットフォーム。

✳ TikTok の特徴

次から次へと飽きることなく、どんどん見てしまう多岐にわたるコンテンツの短尺動画が基本形。世界観が瞬時に伝わる縦型フル画面とともに、動画の世界に飛び込みやすい音声と共に視聴するスタイルが特徴。

✳ TikTok のユーザーの変遷

もともとデジタルネイティブであるZ世代（1990年半ば〜2010年前半くらいに生まれた世代）をはじめとするティーンエイジャーが主なユーザーだったTikTokも、現在ではユーザーの年齢層が上

昇傾向にあり、2022年の時点でユーザーの平均年齢は34歳になり、現在では年齢を問わず老若男女が参加している。

＊ TikTok を成功させるコツとは？

　まずは、最初はバズらなくても、とにかく投稿を継続すること！

　投稿する時間は定時が理想で、視聴者の多い17〜21時前後がよい。

　スタートしたら、30投稿（1か月）は続けることが大切。バズっている人の動画を真似するのもおすすめ。

　バズっていなくても、ある日突然、"急にバズる"のがTikTokなので、粛々と続けよう。

　そして、バズったら過去の動画を少し変更して投稿するのも1つの方法。

　TikTokの動画制作における重要な要素は①憧れ、②笑い、③共感、④学びの4つの要素。
構成する際には以下のポイントを意識するとバズりやすい。

- 最初の1秒でインパクトを与える
- 3秒で興味喚起を図る
- 意見はズバッと言い切る
- 視聴者にコメントを促す
- 流行りの音楽を使用する
- 早口でしゃべる

A 行動

Action

行動は
量で勝負！

考えすぎないのもコツ

29

行動は、即行動するスピーディーさが大事

藤島　僕たちは、これまでの道のりを見ても、いつも行動を起こしてきた。そして、アクションの連続の結果が今ということだよね。だから、よく失敗もしてきたし、失敗の数も他の人より多いと思う。でも、失敗からの立ち上がりもすごく早い。それぞれ勤めていた会社を辞めるときも、集まって相談したら、すぐに決断して次の日にはもう皆、会社を辞めていたし、とにかく早い。「海の家」やバーの経営なども考えたらすぐに行動を起こして、失敗したら、すぐ次の展開をスタートする。このスピーディーさが運をつかんだコツだったと思う。

椎野　そうだね。普通の人たちは、考えたり、計画したりという準備期間のステップが長いけれど、その期間が僕たちはとにかく短い。やっぱり、リスクなどを考えてはじめてしまうと、いろいろ不安や心配が出てきて行動に移せないことが多いから。

植田　そう。考える前に行動する。でも、最

初に各々がサラリーマンを経験していた時代があるから、ある程度の社会常識などを身に付けていたのもよかったと思う。あと、皆で「でも〜」とか「できない」というネガティブな言葉は極力使わないようにしてきた。もし、できないことがあるのなら、「できる方法」を考えるように努めてきたしね。とはいっても、社会人になりたての頃は、皆で一緒に何かをやっていても、まだ、「でも〜」とかという言葉も多かったと思う。そこで一度、「ダメだと決めつけるのではなく、どうしたらできるかを考えてみよう！」と話し合って、そこから皆の意識が変わったと思う。

神田　そうだったね。こう見えて、僕もアクションは早いほう。大阪にいて「新しいことに挑戦したい！」と思っていた時に「じゃあ、東京に来いよ！」と誘われて、その日に東京にやってきたしね（笑）。

藤島　そうだった。行動を起こすときにはトライ＆エラーを恐れないこと、そして、とにかく考えすぎずにスピーディーにまずやってみる、ということだよね。

#BFF

32

B

BFF

Best Friend(s) Forever

33

コロナ禍による世の中の環境変化により、
数々の失敗も体験。
でも、そこから TikTok に挑戦して
1年で5億円の売り上げ、
1000 パーセントの
成長を遂げることができた。
僕たちにトライ&エラーからの
大逆転を導いてくれた

コロナよ、
どうもありがとう!

COVID-19

コロナ禍

C

35

失敗

落ち込んだこと

D

Down

５人いるから

成功は５倍に。

失敗しても、
落ち込みは１／５に。

植田　正直に言うと、2021〜22年の前半くらいまでは、何をやってもずっと失敗続きだった。たとえば、「海の家」をやった時は、海の家という業界や市場のことをまったく知らずに参入してしまったから、家賃も相場の倍もぼったくられていたことさえ知らなかった。他にも、バーを経営していた時は、売り上げの3割くらいを間に入っている業者さんに持っていかれていたけれど、当時は、それも当たり前のことだと思っていた。エステサロンにしても同じ。必要なことを「知らなかった」ことで、いろいろな面でだまされたりしてしまった。もちろん、それはそれぞれの業界のことを知らずにいた自分たちが悪いんだけれど……。そういったこともすべて自分たちの経験になったよね。僕たちは、落ち込むことがあっても立ち直りも早いから。いろいろなことが上手くいかなかった時代は、皆、お酒を飲むとよくケンカをしていたこともあったよね。

神田　僕も、一時期落ち込んだ時代には、もう実家に帰ろうかと思っていたこともあったし

......。

植田　そう、なんか精神的に病んでいた時代もあったね。でも、だいたい人が落ち込むときって、大抵は仕事か恋愛のことに尽きるじゃない？　椎野も５年くらい付き合っていた彼女と別れて、仕事に懸けることにした。僕も彼女とYouTubeをはじめる時に別れて、その後、一緒にビジネスをやったけれど、やっぱり上手くいかないねといって結局、別れた。高橋も彼女と５〜６年間付き合っていたけれども、別れたしね。恋愛の別れは結構しんどいよね。でも、皆どこかで本気になると覚悟を決めていたということ。やっぱり、全部欲しいモノを手に入れようとすると成功はできないと思うから。

椎野　でも皆、常にハングリーさがあったよね。失敗しても、「いつか有名になろう！」とハングリーさで乗り切ってきた。YouTubeのチャンネルをはじめた時も最初は少し恥ずかしかったけれど、５人だったから乗り切れたよね。

藤島　５人いるから、成功すれば５倍うれしいし、失敗しても落ち込みは1/5になる感覚でやってこれたというわけだね。

社員・スタッフ

E
Employee

仕事は自由に
のびのびと。

でも、

「任せて任すな」

の精神で
最終チェックは欠かさない。

一人ひとりの個性を生かしたい

植田 社員たちに求めるものは何だと思う？

椎野 これまで、ずっとこの5人でやってきたけれど、昨年からは社員も増えて仲間たちが増えてきたよね。そうすると、今までのように気の合うやつだけと一緒にやっていく、というだけではなくて、場合によっては、そうでない人ともやっていかなくてはならなくなった。やっぱり当然だけれど、考え方や感性が違う人もいるから苦労することもある。でも、社員にはその人にしかない個性をどうやったら生かしてもらえるか、ということを考えている。とりあえず、各々がやりたいことに挑戦してもらいたいと思っているし、そうさせてあげたい。成功するか失敗するかは置いておいてもね。そして、ちょっとやりすぎだなと思ったり、それは違うなと思ったりする場合は、正しい方向に導いてあげたいと思う。

藤島 うちは「未経験でも歓迎」という会社だけれど、こんな人であってほしいという最低限の条件ってある？

椎野　仕事うんぬんの前に、まず、その人となりじゃないかな。やっぱり、ウソをついたり、人の陰口を言うような人はダメかなとは思う。

植田　そのあたりは、まずクリアしてほしいよね。でも、うちの会社は社員にとってもわりと働きやすい会社ではないかと思う。たとえば、動画編集をやりたいと志願して入ってきたとしても、その人のキャラクターを見ていると、「もしかして、営業の方が向いているんじゃない？」と提案して、本人が納得した場合、営業にトライしてもらって、その後、営業畑で大きく才能を開花させた人もいるしね。やっぱり、その人の個性は最大限生かしてほしいからね。漫画の『ONE PIECE（ワンピース）』じゃないけれど、進んでいる方向は同じだけれど、皆、いろいろなキャラクターが存在しているという感じ。僕ら５人も、個性はそれぞれまるっきり違うしね。

神田 そうだね。日本の義務教育は、各々の個性を尊重して伸ばすようなシステムではないからね。だから、僕らの会社に来たら、個性だって伸ばせるんだというような環境を作ってあげたい。会社の方針としても「自由に考えて自分でやる」というポリシーだしね。僕もスタッフには、「やりたいことがあるのなら、プランを作って提出してください」と伝えている。そして、それが実現可能なものならどんどんやってもらっている。でも、基本的にどんな提案に関してもダメだと答えないようにしている。もし、難しそうなら、どうやってそれを実現できるかアドバイスしているよ。

藤島 やっぱり、一人ひとりが自分で考える、ということは大事だよね。考えることをやめたら人は伸びないと思うから。

植田 うちの会社は、ほとんど皆、世代が一緒だから世代間のギャップもほぼないし、僕たちより少し年上の人がいても、働きづらい環境ではないと思う。一応、社員に

対しては放任主義ではないけれど、各々自由にやっても
らいつつも、「任せて、任すな」ということは大事。やは
り、最終的な部分は自分たちがチェックすることが必要
だと思う。でも、そもそも自分の頭からは出てこなかった
アイディアなども他の社員から出てくることも多いので、
こちらも勉強になるよね。基本的に IT 系の企業は、社員
教育などのインフラなどが整う前に、予想外にどんどん
売り上げが上がってしまうことも多く、1 年目から社員に
は大きなポジションを任せながら、本人も実践を積んで
成長していくというケースの方が多かったりするから。僕
たちもそんなケースに似ているね。

椎野　そうそう。僕たちも社員たちに負けないように頑張ろう。

F

Friend

友達

友達を超えて家

族になった5人

「親しき仲にも礼儀あり」は忘れずに

椎野 一般的に、「友達とは一緒に仕事をしたくない」と思っている人も意外と多い。やはり、ビジネスになると、お金のことが原因で友情にヒビが入ったりするのはいやだから、というのが理由みたい。

植田 確かに、人間関係はお金が絡むと「金の切れ目が縁の切れ目」になることも多い。でも、僕たちは友達というよりも、もう友達のレベルを超えて"家族"みたいな感じ。侃汰とは中学生の13歳の時に出会い、他の皆とも高校で出会っているので付き合いも長い上に、3年くらい一緒に住んでいたしね。たぶん、自分の家族よりも長く皆とは一緒の時間を過ごしているかもしれない。

椎野 そう。でも、そんな仲だからこそ、「親しき仲にも礼儀あり」みたいなことは意識しているよね。

植田 そうだね。お互いに感謝の気持ちなどはきちんと言葉に出して表現するよね。あと、自分を優先するのではなく、相手を

思いやる精神は忘れないようにもしている。それを皆が同じように考えてくれているので、僕らは上手くやっていけているんだろうな。それに、「ごめん！」ってちゃんと謝ることができる関係でないとダメだね。そこも、僕たちはずっと変わらない。

椎野　そんなことができなくなったら家族でいられないし、できれば家族以上になれるんだと思う。あと、5人の役割分担がそれぞれあるというのもいいよね。それに、もうお互いが各々の性格を熟知しているから問題も起きない。あと、それぞれ違う友人たちもいたりするけれど、やっぱり僕たちの5人の関係は、何があっても最優先になるんだよね。将来、結婚しても奥さんより皆の方が大事になったりするんじゃないかと……。でも、それぞれに子どもができたら、自分の子どものように接するんだろうね。

藤島　仕事もプライベートも一緒に過ごしてきた時間が長いから。僕たちはこの5人ですべてのことを解決しているしね。確かに、他の友達は減っていくけれど、5人の関係はより濃くなっていくのかな。

苦しい時に側にいた友人関係は崩れない

植田 こんな言い方をしていいかどうかわからないけれど、この5人以外の友人関係は、あまり自分にとってもメリットがないかもしれない。他の人たちのプライベートのことについて聞きたいか、と言われればそれほどでもないから。

神田 僕たちの関係は、シリーズ映画の『ワイルドスピード』の筋書きみたいな感じ。物語の中で、登場人物が何かミッションに挑戦して、それをやり遂げたら仲間に加わりファミリーになっていくという話。今では、僕たちの5人をベースに家族が増えて広がっていっている、という感じかな。新しい仲間で何かをやり遂げてくれた人が、どんどん僕たちのファミリーに加わって大きくなっていく、みたいな。

植田 そうなっていきたいね。

高橋 あと皆、自分の本当の家族もそれぞれ大好きだよね。僕の両親も皆のことが大好きだからね。

植田　僕たちは、一緒に苦労をしてきたからね。「楽しい時に側にいてくれる人ではなく、苦しい時に側にいてくれる人を大切に」と高校の恩師に言われたけれど、その通りだと思う。

藤島　そうだね。僕たちはもう、阿吽（あうん）の呼吸があるというか、目を合わせればお互い何を考えているかわかるようなところもある。お互いが目を合わせるタイミングさえもわかるくらい。やっぱり、これも長年、積み上げてきたものがあるからこそ。僕たちのような関係性は、簡単にできるような関係性ではないからこそ、逆に簡単に崩れることもないんだと思う。

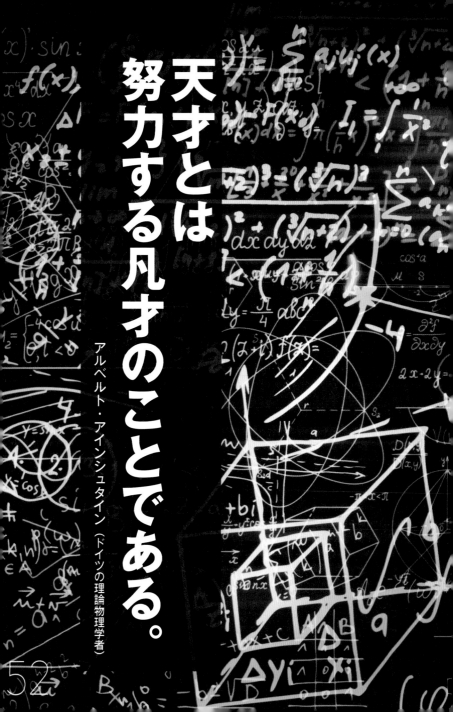

天才とは
努力する凡才のことである。

アルベルト・アインシュタイン（ドイツの理論物理学者）

52

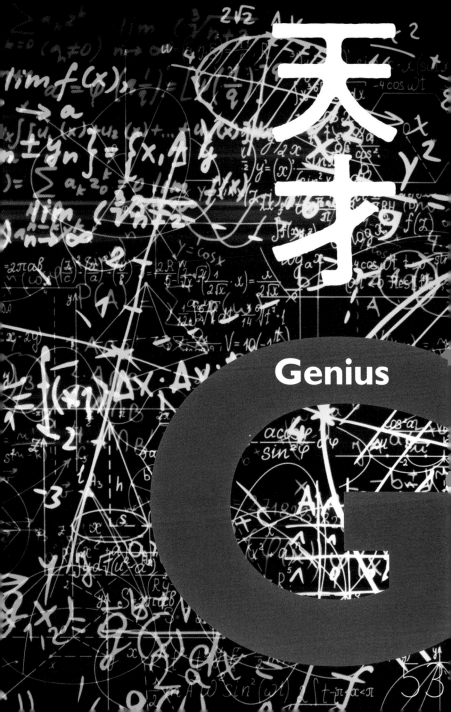

天才

Genius

G

H

Healing

癒やし

まだまだ、

癒やしより刺激を求めるジェネレーション

５人でいることが癒やし

植田　今、あまりにも忙しすぎて、癒やしが欲しいとは思うけれど、もはや「癒やしって何?」という状態。皆にとっての癒やしって何?

藤島　リフレッシュのためにサウナに行くとか、旅行するとか、そういうことじゃない?

神田　自分の好きなことをやれば癒やされるから、僕はゲームです。

高橋　自分にとって究極の癒やしは、５人といること。この間、僕が提案して５人で一緒にディズニーシーへ行ったよね。

植田　はじめてリードをとってアクションを起こしたのがこれだったよね(笑)。本当は好きな子と行きたいんだろうけど……。

椎野　でも結局、自分だけの癒やしとかを求めていても、物足りなくなって皆でシェアしてわかちあいたくなる。もう、僕たちは家族同然だから、そんな感覚なんだと思う。皆と一緒にいないと落ち着かない。

植田　そう。別の場所で別の友人と飲んでいても、自然と５人が集まってしまうよね。

神田　僕は、あまり自分からアクションを起こさないタイプなので、家でゲームをしたりしていれば満足するけれど、皆に誘ってもらって外で遊ぶならそれも楽しい。やっぱり、皆と一緒に過ごす時間が癒やしなんだと思う。

植田　でも、これまで一緒に住んできたけれど、ついに引っ越しをしたことで、皆バラバラになるよね。ずっと一緒にいたから、これからどうなるんだろうなと思う。でも、またどこか１か所に集まったりするんだろうね。

藤島　もちろん、１人でいる時間も大事だとは思う。筋トレをしている時とか、音楽を聴いている時は内省しているというか、自分自身に向き合っているかな。

植田　結局、皆、癒やしが欲しいとは思っていても、今はやりたいことをやれているから、ストレスをそこまで感じていないというところかな。

椎野　そう。今はまだまだ、癒やしより刺激が欲しい。癒やしという言葉はいらない！

植田　会社でも人間関係のことなどでちょっとしたストレスはあったとしても、問題が起きても自分ひとりで解決するわけじゃないので、ストレスになるほどでもないからね。

藤島　でも、癒やしって、どこかに行くなどしなくても、ちょっとしたことで癒やされるよね。今は甥っ子の写真を見るのが癒やしかな。

高橋　寝る前にアニメを見るのは1日をリセットする癒やしですね。

神田　高橋がアニメを見終わってゲームの音が聞こえてくるのが僕はすごいストレスです。そのための癒やしが欲しい！

インフルエンサー

I

Influencer

かつての「インフルエンサー」とは、「世の中や社会に多大なる影響を与える人」のこと。

誰もが知る芸能人・アーティストやスポーツ選手、政治家・公人など、いわゆる有名人・著名人の発言や一挙手一投足が一般の人々の考え方や行動に影響を与えるときにその人はインフルエンサーと呼ばれていた。

でも、今の時代は、SNSのフォロワーが1万人いればもうすでに"インフルエンサー"。

そんなインフルエンサーがもし美容系のアカウントなら、そのインフルエンサーに、関連の企業が案件（商品を提供してSNSを通して紹介してもらう）などを持ちかけてくる。

そして、そんなインフルエンサーはインフルエンサーであること自体が職業になっている。

「お仕事は何をやっているんですか？」
「はい、インフルエンサーです」
みたいな感じで。

こんなふうに、インフルエンサーという定義がSNS以降、変わってきた。

有名人でなくても、ちょっと前まで無名だった人がインフルエンサーになれる時代。

　そして、インフルエンサーとして大きくお金を稼ぎ、夢を叶えるような時代。

　そんなインフルエンサーたちを、そんな時代をプロデュースしているのはとても楽しい。

SNS 的インフルエンサーの定義

トップ・インフルエンサー	50万人フォロワー〜
マクロパワー・インフルエンサー	10万人フォロワー〜
マイクロ・インフルエンサー	1万人フォロワー〜
ナノ・インフルエンサー	〜1万人

知名度

日本

Japan

J

常識はずれなこと
にも挑戦して
いつか日本を
変えていきたい！

日本の「皆と同じがいい」という同調圧力に負けない！

植田　日本人として、日本という国についてどう思う？　日本は島国だからというのもあるけれど、コロナの時期にしてもマスクのこと、ワクチンのことにしても、皆、自分で調べないから操作されている情報などにも気づかないし、メディアや周囲の意見を真に受けるだけ。そして、国民性としては、他の人と違ってはいけないという同調圧力で、皆が一律に同じ行動をとってしまう。「日本を変えたい！」という人もなかなか出てこないのが現実だよね。

椎野　日本は、一般的な社会常識からはずれると叩かれるところがある。でも、僕たちで今の日本の常識やルールを覆せるものなら覆したい。たとえば、「友達との共同経営は上手くいかない」「友達同士でビジネスをするのはよくない」などともいわれてきたけれど、そんなことも実際に覆してきたしね。友達同士だって、ここまで会社としても成

功できるんだ、ということを子どもたちにも伝えたい。そして、子どもたちにも夢を持ってもらえればいいな。これまでの会社の組織図みたいなものもぶっ壊して、スーツも着ずに成功できる、ということをね。

藤島　日本にもいいところもたくさんあるけれどね。たとえば、和の精神や思いやり、気遣い、やさしさなどは日本人ならでは。生活のためのインフラも整っているので暮らしやすいし、ご飯も美味しいと思う。

神田　基本的に、僕は自己中でマイペースなので、他の人にはそこまで左右されないけれど、この5人といるときは協調性があるというか、和の精神みたいな日本人らしさが出ると思う。植田が最初のアクションを起こして、それに従って加わっていくのが僕、という感じ。それが僕の中の日本人らしさみたいな感じかな。

植田　なるほどね。でも日本人って、やさしいし気遣いもできるというのはわかるんだけれど、困った人がいたとしても、見て見ぬふりをすることもあるよね。あと、協調性もあるからこそ、抑圧されたストレスのせいで自殺者も多い国の1つだったりする。もちろん、どんな国にも良いところ、悪いところがあるのは確かだけど、日本人は他の国と違って、特に若い世代に「自分の国が好き」という愛

国心みたいなものもほとんどない。これも、今の教育や政治のせいというのもあると思うけどね。まあ、だから僕は、そんな日本を変えていきたい、というのもあるんだけれどね。

藤島　そういえば、世界の「幸福度」のランキングってあるじゃない？　これだけ生活するための環境なんかも整っているのに、日本の幸福度はかなり低い。それはおそらく、日本人一人ひとりが自分の生きたいように生きていないからだと思う。子どもの頃から、両親や周囲の期待や社会の常識などを含めて、敷かれたレールの上を生きていくように誘導されてしまうから。だから、本当は本人が進みたい道があったとしてもその方向に進めない。僕たちみたいな自由な生き方は、皆していないんじゃないかな。

植田　自由をとるか、安定をとるか、という選択だよね。自由をとるとリスクも大きい。でも、安定をとったら、リスクもないけれど、面白くない人生を送ることにもなってしまう。まあ、それぞれ幸せに対する尺度が違うかもしれないけれどね。

高橋　僕が思うに、日本人は海外の人と違って目立つのが嫌なタイプが多いからこそ、逆に何か目立つことをやると一気に目立てるのもメリットだと思うよ。だから、どんどん

目立つことをやっていきたい。

椎野　そういう考え方もありだね。僕たちの両親の時代は、まだ「石の上にも３年」みたいな考え方があってどんなことにも耐えながら努力しなければ、という時代だったと思う。でも、今はもう違うんじゃないかな。いくらレールに乗って計画的に人生の予定を立てていたとしても、コロナ禍みたいな予想外なものも起きてくる。これからの新しい時代は、日本でも仕事に対する考え方や生き方なんかも、もっと自由なものになってくるはず。

植田　そうだね。僕たち５人に関して言えば、幸福度はいつも高い方だけれど、それでも、もっともっと上を目指していきたい。

椎野　上には上がいるからね。

植田　そんな活動が周囲の人に波及して、いつか日本を変えられていたらいいなと思う。

K

Know/Knowledge

マニュアルのない世界を
切り開くためにも

学ぶ姿勢は大切

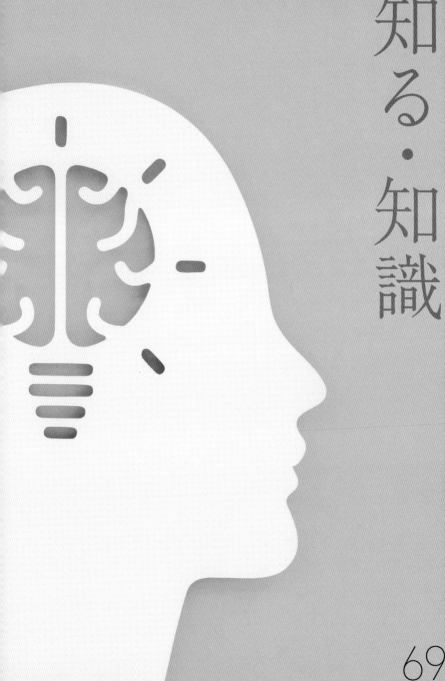

知る・知識

69

神田　今、社員を抱えるようになって、僕たちもまだまだ知るべきことが多いということに気づいたんだ。これまでは、なんとなくやってこれたけれどもね。今、社員の人たちには、自由に働いてもらっているけれど、何よりも僕たちに学ぶ姿勢がないと、下の人たちも同じ姿勢になってくれないと思っている。自由な環境だからこそ、学びのある環境作りは必要だよね。

高橋　動画の編集もどんどん新しくなっていっているしね。

神田　そう。今は3DとかCGあたりが主流になっている。でも、僕らの会社は、動画を編集するスキルや知識のない未経験の人でもどんどん受け入れている。そして、入社してからのびのびと勉強してもらっている感じ。だからこそ、学べる環境が必要なんだよね。一応、うちの場合は、入社すると研修期間の3か月間はみっちり指導をするので、3か月後にはほとんどの人が一人前になってい

るよね。

植田 そうだね。でも、スキルは身に付いても、ビジネスマナーなどは少し弱い部分でもある。自分たちは一応、最初は会社勤めをした会社員時代があったのである程度わかるけれど、ビジネスマナー的なことって教えられるかというと結構難しかったりする。だから、最近はそういう部分はプロの講師の方などに任せて社外研修とかもはじめるつもり。自分たちでできない部分は、アウトソーシングでフォローアップしておく必要があるよね。

藤島 そうだね。それに、生きるということは現状維持を続けていくことではなく、常に自分に磨きをかけていく必要があるのかなと思う。課せられた業務をこなすだけなら、他の人に差をつけられない。だから、時間の使い方みたいなものも重要になってくると思う。日々の時間の使い方を意識するところからはじめないと、何かを学べる体質にもなれないし。たとえば、簡単なことだけれど、毎日、寝る前に本を必ず2ページだけ読むのを習慣づけるとかね。そんなことだってやるとやらないとでは、将来的に大きな違いが出てくると思う。

椎野 考えてみれば、サラリーマン時代で学ぶべきことは、すべてマニュアル化されたものだった。だから、部署や役

職が変われば、マニュアルも変わってやるべきことも変わる。でも今、僕たちがやっていることにはマニュアルがないことなので、常に自分たちが学んでいかなくちゃいけない。そんなことも楽しいけどね。本で学ぶだけではない面白さがあるから。今は、僕らなりのマニュアルを作っていっている最中なのかな。

植田　僕たちは、マニュアルから逃げ出してきたタイプだからね。

高橋　自分自身も、業務に必要な知識はきちんと持っておくべきという責任感が出てきた。もう、「知らない」では、すませられない立場になったからね。社員を守るためにも。

植田　うん。でも、ある意味、僕たちも完璧じゃない方がいいんだよね。組織として成長していくためには、それぞれ専門知識を持った人がいればいいのであって、あえて知らなくていいこともある。その人だけが輝ける領域を残しておいてあげるというのも必要だと思う。

椎野　確かに。そんなことも自分たちが学びながらわかってきたことだよね。

もし今日が
〝人生最後の日〟だとしたら、
今、やろうとしていることは
本当に自分のやりたいこと？

——スティーブ・ジョブズ（アップル創業者）

74

Last day

L

人生最後の日

75

若い世代は、
お金は
貯めるより
使うべし!

人と会うことで人生が変わっていく

椎野　今、お金を稼ぐのが難しい時代だといわれているけれど、僕は若い人こそ、お金を貯めようとするよりも、どんどん使った方がいいと思う！　未来への投資のためにも。それも、自分の欲しいモノを買うというよりも、人との遊びや付き合いのために使うべきだと思う。そのためにも、積極的に外へ出ていくことも大事。人との出会いの中で未来が変わっていくと思うから。実際に僕たちも、そんなふうにして、ここまで大きくなったと思うから。お金がない時代も、人付き合いだけは怠らなかったしね。そんな頃も、あたかもお金をいっぱい持っているように振る舞っていたしね（笑）。

神田　実際に、他の人たちには僕たちにはお金があるように見えていたみたい（笑）。

椎野　本当は、まったくそうじゃなかったけれどね。でも、周囲から見ると、僕たちはなんだかとても楽しそうだし、なんとなくお金もたくさん稼いでいるようなキラキラ集団みたいに見えていたらしい

けれど、実は、そう見えるように演出していたわけ（笑）。でも、人って暗いよりは明るい方がいいし、それに、そうすることで、誰にも迷惑かけてないからね。とにかく外に出て人と会うことで、そこから何かが見えてくるから。

植田　基本的に、起業をして立ち上げた仕事に真摯に取り組んでいれば、必ずお金は儲かるようにはなると思う。もちろん、適当な仕事をしていたら成功なんてしないし、他の人に足元をすくわれてしまうけれど。今、僕は何か仕事のことで悩まなくてはならないことがあっても、それも幸せなことだと思えるようになってきた。飲んでいても常に仕事のことが頭にあるし、そういうことがぜんぜん苦じゃない。24時間仕事一色でも楽しい。どこまで上へ行けるんだろう、と思うとワクワクしてくるだけだから。

藤島　この1年で会う人たちもまったく変わってきたしね。

社員の給料も実力次第でどんどん上がる

植田 そう。でも、僕たちは急激に成長したことで、今はきちんとビジネスを知ることが大事な時期だと思っている。たとえば、お付き合いのある企業の社長さんたちは経済のこと、日経平均のこと、社会のことなど最低限の知識を持っているから、彼らと対等に話せるようにそんなことも学んでいきたい。今、20代の後半だから、今はまだ学びのプロセスの時期かもしれない。とにかく、どんな人に会っても恥ずかしくないレベルでいたい。経営者になって組織が大きくなっていくときに、僕たちがこれまで触れてこなかった業務やシステムに関することで「これはわからない」ということがあったら、社員の人たちに対しても恥ずかしいしね。そして、「お金」というテーマに戻るなら、組織として年商が何十億円と高くなっていくより、社員の1人の年収が600万円とかになる方が会社としては価値があるのではないかと思う。やっぱり社員の皆にきちんと還元できていないとね。

椎野 それはいい考え方だと思う。少し前に、あるIT系の会社で利益が上がりすぎたので、全社員にゲーム機の「PS5（プレーステイション5）」か「Nintendo Switch（スイッチ）」を配ったと

いうニュースが話題になっていた。こんな還元の仕方も面白いね。

植田　社員への還元としては、うちは年2回のボーナスとは別に臨時ボーナスも出る。あと、沖縄に社内旅行にも行ったしね。それもバイトの人も一緒にね。だから、福利厚生はいい方かも。

藤島　還元の仕方もどんなことが喜ばれるかわからないから、今はいろいろなことをやっている感じ。最近は、飲み会とかは苦手な人もいるしね。

植田　そうそう。そういう意味では、やっぱりお金で還元するのが一番わかりやすいんだろうね。といいつつ、来週も皆でバーベキューやるけれどね。もちろん、義務ではなくて参加したい人が参加すればいいという自由な会。うちは還元というよりも、給料が上がっていくシステムの方が魅力的なんじゃないかな。たとえば、3か月ごとに1回査定があるけれど、その際に、査定の結果が良ければ月給が2万円から4万円増加することになっている。となると、もし、3か月ごとに毎回4万円上がる人の場合、年に最大で16万円も給料が上がることになる。もちろん、こんなケースは簡単ではないけれど、もし、実績がいいと誰でもどんどん給料が上がるシステムというのは働く方にとってもモチベーションが上がるし頑張れると思

うんだよね。

椎野　だから、うちの会社は社員の定着率がすごくいいよね。この
　　　1年で辞めた人はたった1人だけだからね。

Nobody から
ノーバディ

Somebody へ。
サムバディ

「何者でもない者」から
「何かを成し遂げた者」へ。

83

会社

Office

いずれは
全国47都道府県に
オフィスを広げる予定

社員にも未来を見せていきたい！

植田　会社の規模としては、今年の秋に大阪支社を開設した後、続いて、名古屋、福岡、北海道など主要都市にオフィスを開設していく予定。その後は、47都道府県すべてにフランチャイズのオフィスを作っていけたらと思っている。

椎野　新しい新宿オフィスも前のオフィスの2倍くらいの社員を収容できる規模だし、これからも、どんどん成長していきたいよね。他の人が思いつかなかったような挑戦をしていきたい。

植田　この業界で、僕たちほどの規模のところはほぼないと言っても過言ではないと思う。TikTokの制作・プロデュースをする会社において、動画編集で数十人、営業・企画で数十人という規模を持つ企業はまずほぼないと思う。たとえば、YouTubeの場合は、再生数に応じて収益が上がるので、会社としてある程度のインフルエンサーたちをエージェントとして抱えていれば、それ相応の広告収入を得られる仕組みがある。でも、TikTokの場合は、企業からの

案件以外はライブ配信以外の収益はないようなもの。動画の再生数に応じて広告収入が入ってくるシステムじゃないからね。そういう意味でも、なかなか事業化するのが難しいプラットフォームだし、会社を興したとしても社員もそんなに抱えられないのが実情だったりする。でも、うちの会社はそんな環境に逆に参入して成功しているし、業務に関しては外注をせずにインハウスですべてやっているのが特徴だよね。

神田　周囲からは、「TikTok がなくなったらどうするんですか？」なんて聞かれることもあるよね。

植田　うん。でもうちは営業力、企画力、編集の技術力の高いチームを抱えているので、別の媒体でもやっていけると思っている。やることはそんなに変わらないから。メディアやプラットフォームが変われば、そこに合わせていくだけ。これまで、YouTube の企画制作・プロデュースで売ってきた会社が抱えているチャンネルの人気が落ちて再生数が落ちることで、一気にダメになった姿も見てきたしね。そんな会社は、YouTube だけにこだわってきたからそんなふうになってしまった。急降下する際に、TikTok に速攻で手を出せば、状況は変わったかもしれないのに。そんな状況も見てきたので、僕たちはある程度資金が残っていければ、どんどん他の新しいことにチャレンジしていくと思う。

藤島　全国の支社の人材採用についてはどう考えている？

椎野　まずは、僕たちと一緒にチャレンジしていきたいと思ってくれることが一番だよね。やっぱり、一緒にやりたいといってくれる人。

植田　そのためにも、社員たちにとっても"飽きのない会社"にしたいよね。いつも次の未来のステージが見えているような会社。やっぱり社員にも「未来を見せる」ことが大事だと思うから。東京の新オフィスもバーカウンターやダーツ台、ジムのトレーニングマシンがある楽しめる空間づくりにこだわった。社員のデスクも席が決まっていないフリーデスクにするし、観葉植物もたくさん置いて癒やしの空間も作りたい。

藤島　クリエイティブな発想が生まれる空間は大事だね。

87

P

政治

Politics

いつの日か、政治に参加するかも!?
日本の未来を変えるために!

植田　これまで政治の世界は自分にはまったく関係がないと思っていた。でも、取引先の企業の経営者の方たちと話をすることも多くなってきて、最近は政治に興味が出てきたんだけれど、皆は政治に興味ある？

神田　個人的にはそこまで興味はなかったけれど、最近、ちょっと興味を持ちはじめたところ。というのは、クライアントさんの動画を編集していて、その方が話す内容が政治の話が多く、その話を聞いていると面白いなって思ったから。その方が語るには、「"政治に参加する"ということは、政治家として立候補をすることを意味しているのではなく、まずは、普通の人が政治に興味や関心を抱くことが政治へ参加する、ということ」みたいなことを言っていた。そんな話を聞いていて、「自分も今、この話に興味を持っているということは、政治に参加しているってことだな」と思った。そうすると、だんだん「今の日本ってどういう状況にあるんだろう？」「日本の政

治や経済、金融とかってどうなっているんだろう？」って思いはじめた。だから、少しは興味が出てきたという感じかも。

植田 なるほどね。これは僕に限らずだけれど、もし、「日本を変えたい！」と本気で思うのなら、いつかどこかで政治に関わらなくてはいけないような気がしている。そうじゃないと、国って変えられないじゃない？　でも、今の日本って、政治家の２世や３世が後を継いでいたりするケースも多いよね。そんな世襲のようなケースは、その人が本心から政治がやりたいのかどうかはわからないよね。個人的には、本来なら成功した経営者や企業家などが政治家になるべきなんじゃないかと思う。だってそういう人たちこそが、一番、この世の中のことを知っているわけでしょ？　お金の動きにしても社会の構造にしても一番詳しいはずだから。あと、若い世代に政治に興味を持ってもらうには、やはり、若い人が政治家になるべきだと思う。そうすれば、若い世代も政治に興味を持ってくれるし、結果的に政治の質も上がってくるんじゃないかな。僕たちは、政治に興味を持たないでいいというような教育を受けてきたと思うんだよね。歴史問題みたいなことも、あえて知らなくていい、みたいな感じで育ってきたから。だから、もっと若い人に寄り添った政治や政治家が増えてほしいと思う。

椎野　それはわかるけれど、政治って用語なんかも難しくて、興味を持ちたくてもついていけない部分もある。東大出た人とか頭のいい人たちだけが政治家を目指すべき、みたいな風潮もあるからね。

植田　政治家には、きちんと問題を提議してそれを解決できる案を発信できる人がなるべきだよね。そして、今の時代の効果的な発信ツールは SNS。SNS なら若者たちにもメッセージが届けられるので、SNS のパワーをもっと上手く使っていくべきだと思う。

藤島　少し前に、若い DJ の女性が港区の議員に立候補していたし、兵庫県の芦屋市では 26 歳のハーバード大卒の男性が市長に当選したよね。若者たちも頑張っている。

経営者こそ政治家になるべき?

高橋　理想を言えば、本来なら "政治家" って名乗る人がいなくなるのが一番いいんじゃないかな。つまり、職業としての政治家がいなくなるという考え方。本来なら、いろいろな職業の人が政治に参加すべきだと思うしね。

藤島　どうしても年配の人が多くなってしまうから、各世代から人数を決めて政治家を選出するといいかもね。そうすると、考え方や方針などにもバランスがとれそう。

植田　国会議員なんかは報酬も高いから、経済的な目的で政治家になる人もいるかもしれない。でも、政治家ってボランティアでもいいんじゃないかな。お金のたっぷりある企業の経営者なら、議員報酬とかいらないだろうしね。社会を実践の中で知り尽くして、成功している経営者の人たちなら政治の手腕もありそうだと思う。このまま僕たちの会社が大きくなっていったら、僕自身は、いつかどこかで政治に関わらないと満足できない日がくるかもしれない。もちろん、そのときにはトヨタのような大企業になっている必要はあるけれどね。そのためにももっと大きくならないと!

疑問

Q

Question

素朴な疑問を持つ力は、
専門的な知識が
ありすぎなかったことが
幸いしている。

―― ココ・シャネル（フランスのファッション・デザイナー）

94

人生を懸けた日々の中、
彼女の優先順位が
7位くらいになっていた。
そして、恋は終わった。

―― 高橋侃汰

R
Romance

恋

スピリチュアル

Spiritual

ライトランゲージ・チャネリングセッション

見えない世界から
５人の絆をリーディング！

By 純子

純子

チャネラー、スピリチュアルカウンセラー。栃木県生まれ。「ライトランゲージ（宇宙語）」を用いて高次元の存在たちや相談者のハイヤーセルフ、スピリットガイドとつながり、魂レベルからの解決を導くチャネリングメッセージを届けるセッションが好評を博している。５人の子どもたちの母親。子育て、介護、ガン克服の経験を生かして「スピ流に自分らしく輝いて生きる!!」を提唱。ライトワーカー講座、女神レッスン、神社リトリート、波動コンサル、スペシャルセミナーを開催中。阪神圏を中心に活動。

公式LINE　https://lin.ee/9XevVxd　　HP　https://kumonoue.info

5人は、宇宙に輝く5つの星、スターピープル。地球の価値観や歴史を変えていく使命を持った星たちです。

99

植田泰介

ピンチをチャンスに
変える力で
限界を超えていく

この世界はあなた方次第です。あなた方は何を発信し、どんな世界を創っていきたいですか?

自分たちならではの光を放ってください。

5つの光が同時に動くということは、大きな挑戦でもあるのです。

一人ひとりの持つ星の性質、バイブレーション、光の周波数をこの世界に放っていくのです。

まず、泰介さんは、どこまでこのグループが大きくなるかを知りたいようですね。

その答えは、「あなたがこの程度だと思ったらこの程度です」ということ。

それなら、どこまで狙っていきましょうか。

あなた方は、これまでの人生において地上で苦労をしなが

ら、この星の周波数の中でさらされながら、誰よりも気概を
持って自分たちのアイデンティティで輝こうとした５つの星
なのです。

　その１つが、あなたという個性を持った星です。

　あなたが誕生した年は、ほぼ同い年である他の皆さんにも言
えますが、地球が本当に目覚めていこうと自ら決心した年でも
あるのです。

　だから、その自覚を持ってください。

　特にあなたは、人々にたくさんの勇気、夢、希望を与えると
決めてきた大きな魂です。

　マザーガイアが次元上昇を決めたタイミングで生まれてき
た勇気のある魂なのです。

　このグループがどこまで大きくなるかというのは、あなたた
ち次第です。

　皆さんは、地球での転生が少ない若い魂たちですが、中でも、
あなたは地球の過去生を少し多めに経験してきています。

　その経験の中でグループのリーダーシップをとっているの
です。

　あなたは、人と人をつないで幸せな世界を築きたいという理
想を持っています。

　あなたは、宇宙から降りる時に、「大天使ザドキエル」と契約を結びました。

　それでは、ザドキエルからのメッセージをお届けします。

　あなたは、今回の人生ではコミュニケーションを通して、つながりあう新しい世界を創ることを決めた魂です。

　過去生でもリーダーシップを取っていたのだけれど、人と人との関係性において、非常に苦労してきたのです。

　だから、もし、不安や生きづらさを感じるのなら、それは過去生からの影響なので気にしないでください。

　また、あなたは、人々に希望の光を灯していくというテーマを持っています。

　だから、人からどう評価されようとも、強く雄々しくあってください。

　あなたの自分の価値は、外からの評価ではなく自分自身で決めるのです。

　あなたは媒体と情報を使い、人々の間に一体感を創り上げていくのです。

　目に見えない世界に守られているということを誇りに思い、安心してください。

　これから地球に何かが起きるシナリオがあったとしても、

あなたには、ピンチをチャンスに変えていく力があるでしょう。

　どうかこのまま、力強く前進してください。

高橋侃汰

楽しさのセンサーで
本当のワクワクを生きる

　あなたは、ご自身の心に「楽しいのか」、または「楽しくないのか」ということを常に問いかけてほしいと思います。

　新しい企画やプロジェクトがはじまる際、利害関係などを考える前に、それがあなたの魂に響くかどうか、冒険心が湧き上がるかどうか、「やってみたい！」と本心から思えるかどうかが大切です。

　5人で何かやろうとするときに、あなたのそんなセンサーが重要になります。

　あなたは、"ハートのセンサー"を持っているからです。

　小さな子どもは、大人が勧めることにも「なんだ、そんなのつまんないじゃない？」って正直に言いますね。

　あなたもそんな正直さで、本当に心からワクワクすることを見つけて5人を導きます。

　宇宙はあなたにその役目を任せたのです。

そんな自分に誇りを持ってください。

そして、このことを意識すればするほどに「楽しむ」という感性を全体に反映させていけるのです。

いずれ、マーケティング的なデータから打ち出される勝算だけに左右されない時代がやってきます。

その時こそ、あなたのセンサーが役立つのです。

スターシードであるあなた方は、新しい世界を創っていきます。

５つの星が、それらにどのようにかかわるかの鍵は、「面白さ」です。

あなたはまた、チームプレイの天才であり、チームプレイをまとめていくことができます。

個性が強いわんぱくな５つの星の連携を取るのです。

あなたを守護するのは、「大天使カシエル」です。

それではここで、カシエルからのメッセージを送ります。

どんなに困難なことがあったとしても、解決できる突破口を見いだしていきましょう。

そのために、あなたにアイディアやひらめきとして私からメッセージを送るでしょう。

　そのためにも、子どものように無邪気で楽しい波動で私とつながっていてください。

　また、5つの星がどうなりたいのかというイメージを私に送ってください。

　それらを文字で書き出してもいいし、寝る前にリラックスしたときにイマジネーションで送ってくれるのもいいでしょう。

　あなたには、「つなぐ」「コネクトする」というミッションがあります。

　楽しさのバイブレーションを5人で融合させて、世界中にその光をつなげていってください。

　5つの星が行うことを宇宙からも注目して見ています。

椎野浩司

月の贈り物、
〝美しさを見抜く目〟を
発揮して

　あなたは、生まれた時に月から祝福を受けた男の子です。

　月のエネルギーが満ちた時に誕生したあなただからこそ、インスピレーションや見えないものに対する感覚、バイブレーションや直感を大切にしてください。

　月の女神があなたを応援しています。

　あなたは男性だけれど、フェミニンで細やかなセンスがあり、そんな美的センスを5人のメンバーに反映できるのです。

　何が美しいのか、そうでないかをあなたは理解できるからです。

　あなたには、月の女神から審美眼を与えられました。

　ビジネスの世界では、方法や手段が先行してしまい、美しさや芸術的観点が見落とされがちになりますが、そんなときも、あなたがその視点を忘れないようにしてください。

あなたの中には見えないものを、目に見えるものとして残したいという欲求が魂のバイブレーションの中のどこかにあるのです。

　あなたは成果や手ごたえを "カタチ" にしたいのです。

　また、5人の中では一番霊的なアンテナを持っています。

　インスピレーションだけで「それがヒットするかどうか」、などもわかります。

　そのアンテナは、意識すればするほど磨かれます。

「自分はインスピレーションが使えるんだ！」と思うだけでもアンテナが働くでしょう。

　5人の中では、最も新しい挑戦が好きで、新しいことに飛び込んでいく行動力があります。

　直感ですぐに行動したくなるのはそのためです。着火がはやいのです。

　行動することで皆を導きます。

　あなたを守護しているのは「大天使ハニエル」です。

　ハニエルからのメッセージをお伝えします。

　あなたは、状況がアップダウンするような浮き沈みの波をコ

ントロールできる人です。

　特に、不穏なバイブレーションに陥ったときにニュートラルな状態に戻していくことができます。

　いわゆるリセットする能力です。

　皆の感情をもニュートラルな状態にできるのがあなたの強みです。

　あなたは、新しいものをキャッチしながらも皆の感情を整えて、上下の波をコントロールできるのです。

　そして、美しいものを選んでいける人です。

　あなた方が創造するものに、優雅さのエネルギー、豊かさのエネルギーをぜひ反映させてください。

藤島雄志

地球に
"愛の種"を植える人

　あなたは、5人の中では一番愛情に敏感な人です。

　誰がどんな感情で自分に何を伝えてくれているのか、そんなことも敏感に察知します。

　また、誰かが口に出さなくても、その人の本音もわかってしまう人です。

　だからこそ、生きにくさも感じてきたことがあるでしょう。

　そんな思いを自分の中でどうすればいいのか、とまどったこともあるでしょう。

　あなたのような人は、皆と一緒に足並みを揃えることはチャレンジかもしれません。

　でも、そんなこともあまり気にせず、自分らしさを大事にしてください。

　人は人、自分は自分だと考え、思った道を突き進んでください。

あなたにはエネルギッシュな情熱があることを思い出してください。

　あなたも「つなぐ」ことが人生のテーマですが、あなたの場合は人と人ではなく、アイディアとカタチをつなぐのがテーマです。
　アイディアを形にしていくエネルギーを持っているのです。

　また、あなたはそこに愛がなければ動きません。
　そこに愛はあるのか？　愛がなければ意味がないということもあなたのテーマです。
　親子や兄弟姉妹の愛、パートナーシップの愛、個人や大勢に対する愛など、さまざまな愛の形を表現していくのです。
　あなたは、愛という目に見えないものを大切にしながら、各々のつながりの関係の中で、愛のナビゲーターのような役割を果たしていきます。

　あなたを守護するのは「大天使ハニエル」です。
　ハニエルからのメッセージをお伝えします。

　あなたは、女性的で繊細な愛情にフォーカスできる人です。
　あなたも月と縁がありますが、「愛の種を植える」という意味において新月に月を意識すると、つながりやすいでしょう。

　宇宙があなた方の５つの星たちを招集したのは、「二極の争い」を終わらせるため。

「陰と陽」「光と影」などの二極の奪い合いと争いを終わらせることを意図してきた５人です。

　５つの星から、グリッド（網目）のエネルギーを世界中に広げることができるのです。

　そのためにも、どうか不安と恐れを持たないように。

　あなた方が創り上げるものは希望しかありません。

　どんな状況がやってきても、あなた方のグリッドは魂の栄養に変えてしまうでしょう。

　どんな体験も楽しめるでしょう。面白がることができるでしょう。

　そして、そこから新しいものを発信していくでしょう。

　その願いのもと、宇宙は５つの星であるスターピープルのあなた方を集めたのです。

　最後に、あなたは、集合意識の感情にも働きかけることができるでしょう。

　そのことにも意識して過ごしてみてください。

神田竜伍

〝竜使い〟として癒やしのエネルギーを届ける

　あなたが生まれた1994年というのは、地球が本気で変化することをマザーガイアが強く決意した年です。

　だから、その翌年に地球に大きな揺れ（阪神淡路大震災）が起きたのです。

　あなたは、その前の年に来るべき時のために備えて降りてきた子でした。

　地球の変革・変容は、このように1995年から序章がはじまり、2011年（東日本大震災の年）から大きなシフトに入りましたが、あなたは、その地球の決意に呼応するかのように生まれてきたのです。

　あなたの名前になぜ「竜」がはいっているかわかりますか？

　それは、この星の竜たちの目を覚ますためです。

　あなたは、他のメンバーより一足先に「この星を変えていこう」と降りてきた人です。

116

たくさんのこの星の選択肢がある中で、新しいワンネスの在り方、ひとつにつながった世界をつくるために。

　あなたは、皆より一足先に降りてきて、他の星たちを迎える形をとりました。
「竜使い」であり、かつ「竜を目覚めさせる者」として、傷ついた人たち、変化が起きる中で不安を感じる人たちに大丈夫、と伝えていける人です。
　5人の中で癒やしのエネルギーが与えられた人です。

　あなたは、同じ"つなぐ"というエネルギーでも、人と人の間を癒やしのエネルギーで、また、「大丈夫！」というエネルギーでつないでいきます。
　自分自身も含め、他の荒ぶる竜たちをなだめていく役割を持っています。

　マザーガイアが「お帰り！」と言っています。
　なぜなら、あなたは、大地に近いエネルギーを持っているからです。

　あなたは、今まで痛い経験も味わいながら、道を究め修行をしてきた魂です。
　その上で、自分だけが悟るのではダメだと気づき、地球に

やってきて行動をしているのです。

　これからも、「大丈夫」というエネルギーで人々をコーディネート、マネジメントしていきます。

　その人の可能性や個性を大切にしながら、あなたがつないでいくでしょう。

　また、あなた自身が他の人から助けてもらうこともあるでしょう。

　それは宇宙からの采配です。

　あなたは、ついついオーバーワークになりますが、どうか無理をしないで。頑張りすぎないでください。

　あなたを守護しているのは「大天使ラファエル」です。

　では、ラファエルからのメッセージをお届けしましょう。

　私には人々の安全を守る、人々を癒やすというミッションがあります。

　あなたも、人の心の痛みがわかる人であり、その痛みを癒やすことができる人です。

　だから、癒やしを行う際には、いつでも私を呼んでください。

　でも、まずはあなた自身が安心のエネルギーに包まれながら、どうか癒やされてください。

平和を作りたいというあなたは、人々の心にも平和をもたらしますが、まずはあなたの心の中に平安があるように心がけてください。

　そうすれば、満たされる安心のエネルギーのもと、5つの星たちは安心で包まれることでしょう。

　次元上昇の渦中にある地球にあなた方がグリッドを広げていくとき、安心と癒やしのパワーも広がっていきます。

高橋侃汰

植田泰介

神田竜伍

藤島雄志

椎野浩司

運命を変えた
プラットフォーム、
「TikTok」

ティックトック

T

TikTok

YouTube チャンネルの切り抜きで
バズるコツをつかむ

植田　まさに、TikTok こそが僕たちの人生を大きく変えたんだよね。

高橋　そう。でも実は、最初は自分たちの YouTube チャンネルを拡散するためのツールでしかなかったんだよね。というのも、自分たちの YouTube チャンネルの再生数が少なかったから、再生数を上げるために動画から一部を切り抜きして TikTok にアップしていたという。それも、1人で5アカウントくらい作って、毎日、とにかく義務として徹底的に投稿し続けていた。僕たち5人の LINE のグループに動画のスクショまで貼り付けて「やりました！」と TikTok にアップした証拠まで出してね。そして、その投稿が100万（1M）再生までいくと1万円がもらえるというルールを作ったら、僕があるとき奇跡的に13M（1300万）をたたき出し、ボーナスを13万円もらったんだよね。

椎野　当時は、まだ給料がきちんとなかった頃だったから、皆必死にやっていた（笑）。たしか、10万再生からお金がもらえる仕組みで、10万再生で1000円だった。

植田　そうそう。でも、YouTubeでチャンネルを持つ人たちの中で、僕たちほど自分たちのYouTube動画を自ら切り抜きして、ここまでTikTokにアップした人たちはいないと思う。

高橋　確かに。そのうち、僕だけじゃなくて他の皆も次々と300万再生とか500万再生とか達成していったよね。そして、この作業を通して"バズるコツ"というものを身に付けた。何か1つ突出してバズった動画があれば、皆で「どうしてこれがバズったんだろうね？」と分析して、さらによりバズるものに改善していったからね。もちろん、バズらなかった動画も分析して学んでいった。僕たちは当時、一緒に住んでいたというのもあり、こういった作業について日夜ずっと話し合っていたからね。

植田　そして、そんなことが、いつの間にかビジネスになった。だから、最初はかなり泥臭い作業というか、あまりにも地味なところからはじまったんだよね。そして、営業も脈がありそうなインスタのアカウントに1日100件とか送ったりしてね。こういったことも、会社員時代に営業でやっていたことが役に立った。会社員の時は1日に200件くらい、営業の電話とかかけていたから。普通の人はここまでやれないし、やらないと思う。

椎野　そうだよね。そして、きちんとお給料がもらえるようになったのは、2022年の7月くらいからだからね。それも、最初は20万円。それでも、うれしかった！　だって、それ以前は5人で1つの銀行口座に入っているお金を生活費にして皆で暮らしていたくらいだからね。

植田　そう。でもそこから、1年も経たないうちにオフィスを拡大し、車を3台も買うほどに急激な成長を遂げた。今はそんな"垂直的成長"を経て、上昇気流に乗っているけれど、実はそこまでTikTokに執着しているわけでもない。もともといろいろなことにトライしてきた僕たちは、TikTokがダメになったら、違うプラットフォー

ムや、また新たに違うことをやればいいと思っている。とにかく成功の秘訣は、TikTok はこうすればバズるというノウハウさえ詰め込めば、確実に再生数が予見できるので、それをきちんとやったことが大きかった。それに、誰でも簡単に挑戦できるところもよかったんだと思う。

椎野　そうだね。そういえば、自分たちの YouTube 動画の切り抜きをしている時代に動画のライブ配信もはじめたよね。それも、夜通しで寝ずにやっていたから順番に交代で配信したりしてね。このライブ配信を通じてファンになってくれる人も増えた。当時はまだそれぞれ会社員をして、昼間はサラリーマンをやっていた頃だった。だから、各々が会社から帰ってからの活動だったので相当ハードな日々だったけれど、考えてみれば、そんな時代の経験も今にすべて生かせている。

植田　だよね。ただし、起業に関しては、最近よくいわれるような「遊びがそのまま仕事になる」というほど簡単で甘いものでもないと思う。やっぱり、きちんとビジネスマインドがないとダメだよね。僕たちはそういった部分も大事にしようとしてきたから、ここまで来られたんだと思う。とはいえ、僕としては、業務にはきちんとビジネスとして向き合いながらも、このメンバーでいることが遊び、みたいな感覚はあるんだよね。仕事ってやっぱり、何をするかじゃなくて、誰とやるかが重要だからね。

椎野　その通りだね。そこが一番大切だね。

127

今、もう僕たちは、理想郷の中にいる

U

理想郷

Utopia

将来も5人が一緒にいるというビジョン

高橋　一度、好調の波に乗りはじめた時点で、「自分たちは何を目指すのか」「何年後どうなっていたいか」みたいなことを皆で集まって話したことがあったよね。その時に共通で出た意見が「5人で一緒にいる」ということだった。だから、僕の将来の理想としては、最終的には5人が幸せだったらいいと思う。

植田　あくまで、このメンバーが大事だからね。社員の人たちは、自分の人生を生きるためにここから離れていくこともあると思う。結局は、自分の人生が大事だからね。でも今後、僕たちもいつどうなるかわからないけれど、ダメになったときに残ってくれる人はどれだけいるか、ということかもしれない。そんな状況の時に人は本当に信頼できるかどうかがわかったりするよね。とにかく、今後も5人でいれば、どこまででもいけるし、何でもできる。それが僕らの理想郷だと思う。

椎野　会社としての具体的なゴールは？

129

植田　上場についてもこれから考えていきたいし、できるところまで大きくしていきたいね。あと、会社の資金を使ってでも世の中を良くすることに少しでも寄与できればと思う。やっとここまで来たことで、もしかして、世の中に少しでも影響を与えたり、世の中を少しでも変えられたりできるのではと思えるようになってきた。今、僕たちはまだ20代後半なので、まだまだこれから。10年後には、5人が一緒なら、とんでもないところにいけているんじゃないかと思う。これまでは、自分のことや会社のことを考えるだけで精いっぱいだったけれど、将来的には、地域のためや国のためみたいな感じでゴールのフェーズを大きく変えていかなくてはならないと思う。実現は難しくても、そういったことを最低限目指しておかないとね。やっぱり、自分たちのことだけを考えているのなら、落ちていくだけだと思うから。そういう意味でも、広い視野には立っておきたいね。

椎野　今、毎日が目まぐるしく動いているので、将来の目標なども日々変化しているという感じ。でも、考えてみれば、僕たちはずっと理想郷の中にいるんじゃないかな。「何年後にどうなりたい！」というのもあるけれど、常に、今が理想郷なんだと思う。だって僕たち、すぐにアクションを起こして、すぐにそのことを叶えてきたから。思い立ったらすぐに行動に起こせる環境こそが理想的な生き方でしょ。きっと、僕たちは死ぬまで働いているかもしれないけれど、僕たちは、そ

んなことも仕事だと思っていないだろうからね。

藤島　要するに、今いる世界がもう理想郷なんだね。

V
Vision

ビジョン

あなたが心の奥深くを
見つめるときにだけ、
ビジョンは明確になる。
外側を見るものは夢を見て、
内側を見るものは目覚める。

—— カール・ユング（スイスの精神科医・心理学

133

ビジネスは
「何をするか」
ではなく、

「誰とやるか」
が大事。

誰

W

クリスマスのプレゼントの提案です。

敵にはゆるしを。

競合相手には寛大さを。

友にはまごころを。

顧客にはサービスを。

すべての人に慈悲を。

すべての子どもたちには、いいお手本を。

そして、あなた自身には、尊厳を。

　　　── オーレン・アーノルド（アメリカ人ジャーナリスト・作家）

クリスマス

Xmas

昨日にはもう戻れない。
なぜなら、私はもう
昨日とは別の人間だから。

—— ルイス・キャロル（イギリスの数学者・論理学者・写真家・作家・詩人）

TOMORROW

Y

Y

Yesterday

昨日・過去

Zero

Z

ゼロ

140

自分を
ゼロの状態にすると、
力は無敵になる。

——マハトマ・ガンジー（インド独立運動の指導者）

Everyday life

Our Dreams after 5 years

僕たちの
5年後の夢

5人が描く自分たちの夢を
それぞれのスタイルで表現してみました！

植田泰介

5年後の夢

「BTSのジョングクと友達になっている」

というのが僕の夢です（笑）。

日本中の各業界に「NAC」の名前を轟かせて、圧倒的な存在になっていたいです。

たとえば、2022年にサッカーのワールドカップ（W杯）の放映権を獲得した「ABEMA（動画ストリーミングプラットフォーム）」のような革新的なエンターテインメントを提供できる会社になりたいです。

ABEMAは設立後、たったの7年であの規模感すごくないですか？

特に、W杯のオープニングセレモニーでBTSのジョングクが出てきて圧巻のパフォーマンスをしたのを見た時に、感動して泣きそうになりましたもん。素敵だなって。

だから、僕たちがもし、それくらいのスケールになれれば、ジョングクと友達になっているという夢も叶えられそうじゃないですか（笑）。

大体こういうことを言うと、皆、普通は馬鹿にするし、どうせ「無理だよ！」って笑うんですよね。

でも、だから人生って楽しいし、面白いんじゃないかな。

それに、僕たちなら7年じゃなくて、5年もいらないような気もする。

2〜3年でそうなっていると信じている。信じてついてきてくれた人は必ず幸せにします。

最後に、僕が好きな言葉を紹介します。

Always be yourself（常に自分らしくあれ）――マリリン・モンロー

Stay hungry, stay foolish（ハングリー精神で、バカでいろ）

――スティーブ・ジョブズ

Euphoria（強い幸福感）――ジョングク（BTS）

そんな言葉を教えてくれた偉人たちのようになりたいです。

145

RYUGO
Creator&Graphic Designer

神田竜伍

YouTube

藤島雄志

「5年後の夢」ということで、いろいろと考えてみたのですが、"自分はこうなっていたい"の先には、やっぱり、5人で何かをしていたり、笑っていたりというイメージが湧いてきます。

たとえば、「有名になる」「いい車に乗る」「好きなときに好きな場所に行ける」などでしょうか。個人的には、2028年までに「GREENROOM FESTIVAL（グリーンルームフェスティバル＊）」に出てみたい……。
具体的なものもあれば、漠然としているものもあるけれど、「こうなっていたいな」「これをしたいな」というビジョンはたくさん！

本書の「U」の対談パートでも、「今がまさに理想郷（Utopia）なんだ」っていう話をしたけれど、これから先の未来をもっともっとキラキラしたものにしていきたいし、現状に満足することなく"理想"を更新し続けて、それらを1つ1つ実現していきたいなと思います。

そんなふうに日々を過ごしている中で、気づいたら、"理想郷"にいるのかなと。
と言うと、なんかきれいごとのように聞こえてしまうので、今回そんな想いを楽曲にしてみました（笑）。
曲名はズバリ「Utopia」です！
ぜひ、多くの人に聴いていただけたらうれしいです。
改めまして、僕たちの初となる書籍を手に取っていただきありがとうございました。

Apple Music

Spotify

アーティストページ

＊**GREENROOM FESTIVAL**──サーフ、ビーチカルチャーをバックボーンに持つ、ミュージックとアートのカルチャーフェスティバルのこと。

高橋侃汰

Crossing to USA
2018 年 → 2028 年
Not Complete

Our Dreams after 5 years

椎野浩司

147

おわりに

　最後まで本書を読んでいただき、ありがとうございます！

　本書では、僕たちが実際に体験してきたこと、感じていることをアルファベットのキーワードでくくりながら綴ってみたのですが、いかがでしたか？
　少しでも共感していただける部分があったらうれしいです。

　思い起こせば、最初は友達5人だけでスタートした会社でしたが、僕たちを信じ参加してきてくれた社員の皆のおかげで、みるみるうちに大きくなり、気がつけば、2024年には社員も100人規模になるまでに成長することができました。

　どんなことだって、「世間が……」とか、「親が……」とか、「友達が……」などと言い訳せずに追求していけば、目の前の壁にぶつかったとしても、最後には叶え

られるのです。

　これからの僕たちの目標は、3年目で売り上げ10億円をまずは来季クリアすることですが、数年後には上場するところまでいければとも考えています。

　たとえ、他の人から「無理だろう！」って思われたとしても、自分たちで言い続ければ必ず、目標は叶えられるのです！
　ぜひ、この本を読んで少しでも自分の夢に向かって行動を起こす人が増えますように。

　ありがとうございました！
　また、どこかでお会いしましょう！

なっくもぶ
植田泰介

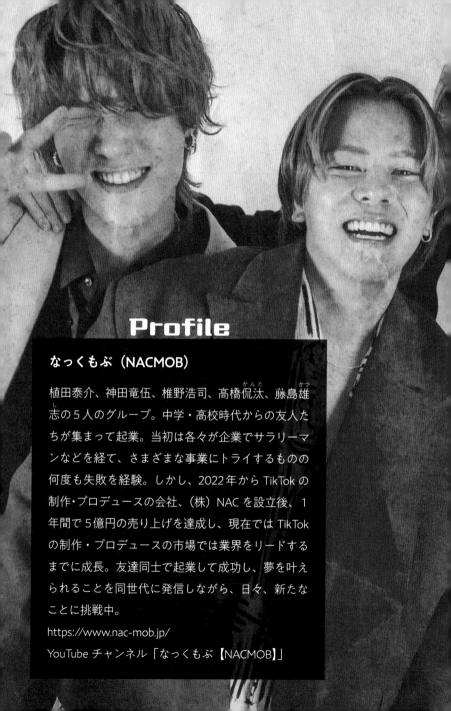

Profile

なっくもぶ（NACMOB）

植田泰介、神田竜伍、椎野浩司、高橋侃汰、藤島雄
志の５人のグループ。中学・高校時代からの友人た
ちが集まって起業。当初は各々が企業でサラリーマ
ンなどを経て、さまざまな事業にトライするものの
何度も失敗を経験。しかし、2022年から TikTok の
制作・プロデュースの会社、（株）NAC を設立後、１
年間で５億円の売り上げを達成し、現在では TikTok
の制作・プロデュースの市場では業界をリードする
までに成長。友達同士で起業して成功し、夢を叶え
られることを同世代に発信しながら、日々、新たな
ことに挑戦中。

https://www.nac-mob.jp/

YouTube チャンネル「なっくもぶ【NACMOB】」

友達という最強の成功法則

仲間5人で起業　ゼロから1年で売り上げ5億円！

2024 年 1 月 25 日　第 1 版　第 1 刷発行

著　者　　なっくもぶ
　　　　　（植田泰介、神田竜伍、椎野浩司、高橋侃汰、藤島雄志）

編　集　　西元 啓子
校　閲　　野崎 清春
デザイン　染谷 千秋（8th Wonder）

発 行 者　大森 浩司
発 行 所　株式会社 ヴォイス　出版事業部
　　　　　〒 106-0031 東京都港区西麻布 3-24-17 広瀬ビル
　　　　　☎ 03-5474-5777（代表）
　　　　　📠 03-5411-1939
　　　　　www.voice-inc.co.jp

印刷・製本　株式会社　シナノパブリッシングプレス